U0063972

打糍粑的大將軍

牟艾莉 / 著
天空塔工作室　龍一 / 繪

中 華 教 育

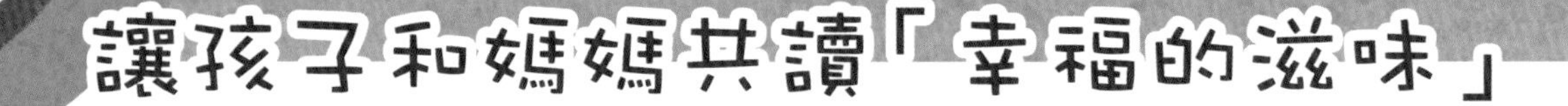

讓孩子和媽媽共讀「幸福的滋味」

「開飯囉！」每天清晨，這句話就像一個溫馨的鬧鐘一樣，讓我和家人迅速聚集到餐桌前。我想這也是很多家庭清晨的一幕吧。其實，在我成為母親之前，我並沒有真正關心過食物。那時的我忙着教學工作和科研事務，是一個不折不扣的「效率派」、「實幹家」。別說烹飪了，我甚至常常忙到連早飯都顧不上吃。

一切的改變發生在我懷孕之時。從那一刻開始，飲食突然成為我生活中每天要關心的事情。我再也不能飢一頓飽一頓，再也不能隨意用垃圾食品填充肚子，我開始認真對待每一餐飲食。也就是從那一刻起，我不得不「慢」了下來，我像發現一個神奇新世界一樣，看見了曾被我忽略的中國美食中那麼多有趣有料的地方。

我寫了六種食物：春餅、柿餅、八寶粥、月餅、糍粑和揚州炒飯。為甚麼會選擇這六種食物呢？

首先，當然因為它們好吃呀！這六種食物囊括了甜鹹酥糯等豐富的口味，你是不是在唸出這些食物名字的時候，就已經快要流口水了？

其次，這些食物來自東西南北，中國的地大物博真的可以濃縮在一道道菜餚之中，舌尖上的中國是精微又宏大的。

最後，也是最重要的，我想借由這些食物去給孩子們講述那些瑰麗的幻想，動情的故事和人生的哲理。《天上掉下鍋八寶粥》教孩子合作互信，《幸福的柿餅》讓孩子學會耐心等待，《月餅少俠》讓孩子變得勇敢，學會堅持，《小偷春餅店》讓孩子懂得勤勞踏實的重要，《打糍粑的大將軍》教孩子如何激發自己的潛能，《變變變！揚州炒飯》讓孩子知道每個人都是不同的。我們要知道，孩子們或許年齡太小，還不能成為廚房裏的廚師，可是他們想像力巨大，他們是天生的故事世界裏的「廚師」呀。媽媽廚師烹飪好吃的食物給孩子，而孩子廚師「烹飪」好聽的故事給媽媽，這是多麼驚喜又浪漫的事呀。

如果您的孩子是一個「小吃貨」，那麼請鼓勵他對美食的熱愛，讓他不僅愛吃，也愛編織美食的故事吧。

如果您的孩子是一個「挑食的小傢伙」，那麼用這套繪本去消除他對食物的偏心吧。

如果您的孩子是一個愛吃美食又愛編故事的小傢伙，那麼，他一定是一個充滿幸福感的孩子。

我希望這套關於中國味道的小書能夠讓孩子和媽媽品嚐到幸福的滋味。小小的美食和小小的繪本，裏頭有大大的世界呢，趕快打開它們吧！

作者　牟艾莉

戲劇文學博士、四川美術學院副教授

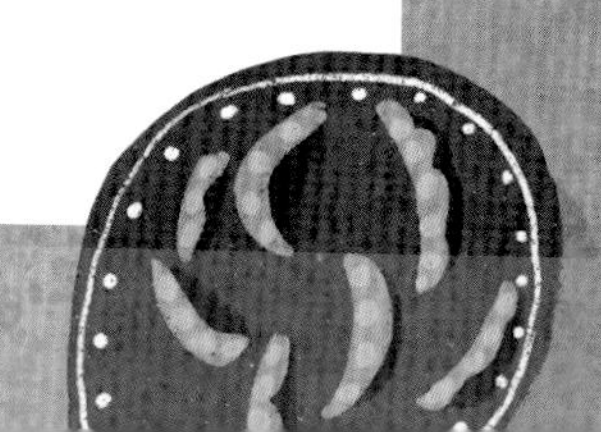

城中有個大力士，他做甚麼事都破壞力十足。他跑起來轟隆隆，拔棵樹像拔葱，嚇得雞飛鴨叫撲通撲通，震得賣菜翁的果子掉了一地咕咚咕咚。

就連跟人握手行禮也嘎吱嘎吱，害得人骨折受傷，疼得睡不着覺。

官府的大人聽說了大家的抗議，便給大力士下了禁令：「你不會控制自己的力量，造成城中財物損毀，居民受傷，因此罰你閉門思過三日。若再胡亂使用蠻力，定將重罰！」

衙
衙

8

大力士待在家裏，覺得十分無聊。從早上日頭升起，到傍晚日頭落下，除了給自己蒸了一大鍋糯米飯當晚餐，他哪裏也去不了，甚麼也不能做。

　　大力士端起糯米飯正準備吃的時候，突然看見白花花的飯裏竟有幾條蟲子鑽來鑽去。

　　「哼！就連蟲子也欺負我！」大力士怒不可遏，拿起一根粗壯的木棍，就要去打小蟲。

大力士高高舉起木棍，
重重落下，嘭咚！嘭咚！
誰知那小蟲子狡猾伶俐得
很，一會兒探出頭來，
一會兒又鑽進飯裏去，
弄得大力士無計可施，
只好悶頭亂打一氣。

嘭咚！
嘭咚！

經不住大力士的悶頭亂打，小蟲子灰溜溜地逃走了。他定睛一看，這鍋糯米飯已經被打得稀爛，好好的一鍋晚餐全毀了。可此時此刻，大力士已經滿頭大汗，手臂酸軟，餓得不行了。

「實在太餓了啊！唉，只能隨便吃了。」大力士抓起一坨砸得稀爛的糯米飯，啊嗚一口吞了下去。

沒想到這樣的糯米飯竟然好吃極了！「吃起來溫熱軟爛，糯滋滋黏糊糊的，好像整個人都酥軟了。實在太好吃了啊！」大力士抓起一坨又一坨，啊嗚啊嗚狼吞虎嚥起來，不一會兒，一鍋糯米飯就見底了。

衙
衙

三天的閉門思過很快就過去了，大力士被放了出來。他心懷愧疚，打了很多糯米糰子，送給鄉親們表達歉意。鄉親們吃着這種糯米糰子，個個都讚不絕口。

「這是甚麼東西呀？竟如此美味！」鄉親們問道。

「嗯，這個嘛……」大力士撓撓頭，想了想，說道，「它吃起來糯滋滋的，就叫它糍粑吧！」

人們又紛紛向大力士求教：「這糍粑是怎麼做的呢？」

於是，大力士就
教大家製作這種叫作
「糍粑」的食物。

❶ 將糯米浸泡一天。

❷ 將浸泡好的糯米濾
乾水，放鍋裏蒸熟。

❸ 把蒸好的糯米飯倒入石臼裏，再用又大又粗的木槌把糯米飯搗爛。

❹ 在揉麵板上撒些糯米粉，將搗爛的糯米飯捏成小團或餅狀。

鄉親們看了大力士製作糍粑的過程，紛紛搖頭，七嘴八舌地議論起來：

「這太難了，我們哪裏打得動呀！」

「看來這美味的糍粑，我們這些普通人恐怕是吃不到了。」

官府大人對大力士說：「你的力量要發揮在正道上，如果能多多製作這種美食，不僅能控制你的蠻荒之力，還能為百姓提供美食。」

正巧鄉親中有個商人，聰明圓通，善於經營。他靈機一動，向官府大人說道：「不如讓這位大力士來我家飯館做糍粑吧！」

糍
粑

就這樣，商人的飯館多了一道小吃——糍粑。每天來買的客人絡繹不絕，飯館生意十分興隆。

衙
衙
詔書

又一年的春天，皇帝要招募勇士入伍。大力士應徵而去。

在軍隊中，他指揮士兵把糍粑壓成磚塊的形狀，嵌進城牆裏。

後來，有一年鬧饑荒，士兵們眼看就要斷糧。大力士叫大家挖出城牆裏的糯米磚塊，敲碎，重新蒸煮。士兵們重新填飽了肚子。

皇帝知曉後，不禁讚歎大力士的先見之明和膽識謀略。從此，便封他為了不起的智勇大將軍。

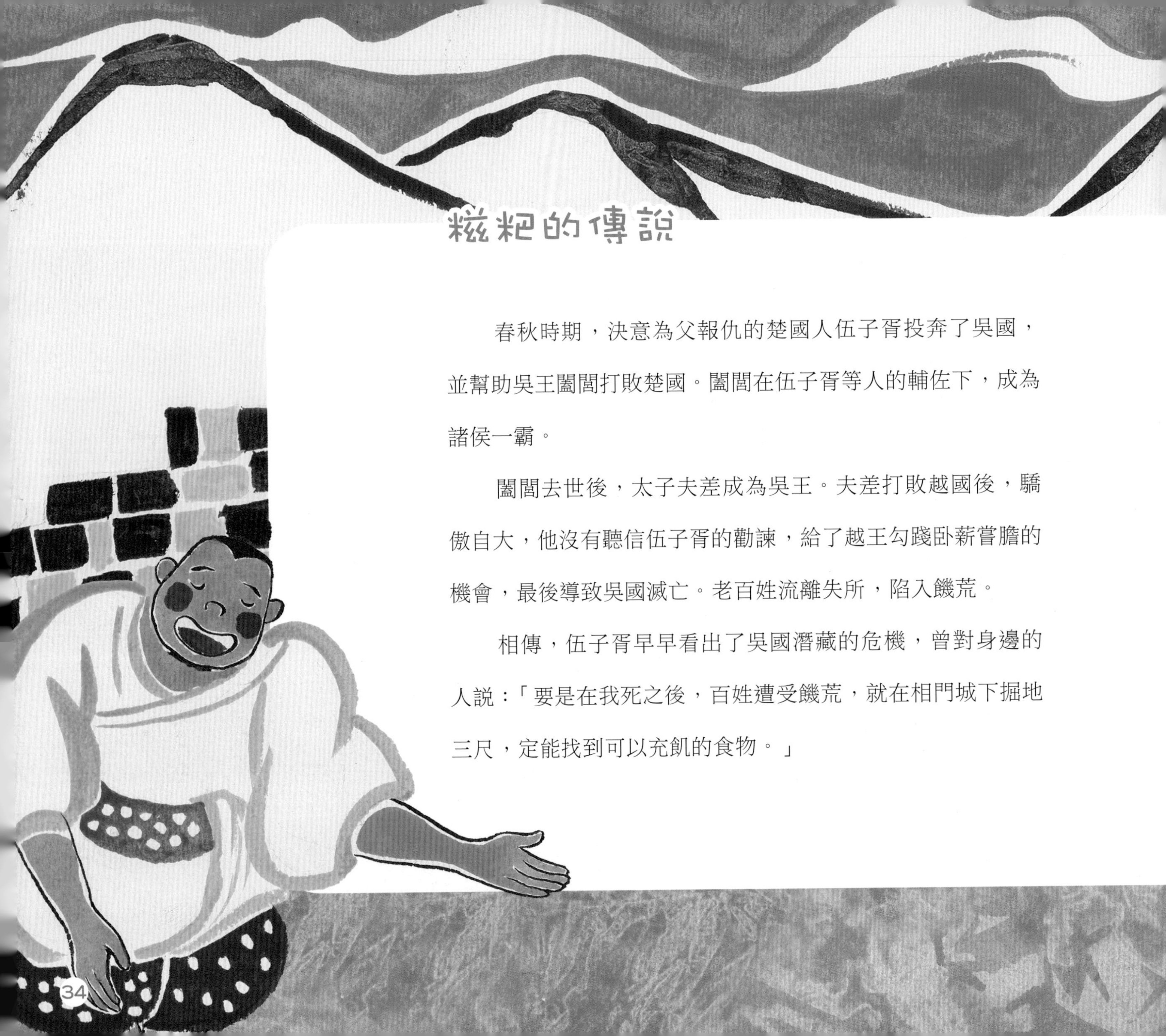

糍粑的傳說

春秋時期，決意為父報仇的楚國人伍子胥投奔了吳國，並幫助吳王闔閭打敗楚國。闔閭在伍子胥等人的輔佐下，成為諸侯一霸。

闔閭去世後，太子夫差成為吳王。夫差打敗越國後，驕傲自大，他沒有聽信伍子胥的勸諫，給了越王勾踐卧薪嘗膽的機會，最後導致吳國滅亡。老百姓流離失所，陷入饑荒。

相傳，伍子胥早早看出了吳國潛藏的危機，曾對身邊的人說：「要是在我死之後，百姓遭受饑荒，就在相門城下掘地三尺，定能找到可以充飢的食物。」

這時，人們想到了伍子胥的話，在城牆之下，果然挖掘出了一些「磚塊」，它們竟然都是用熟糯米製成的。

原來，當初伍子胥修建城牆的時候，就考慮到未來戰爭時期的需要，把糯米蒸熟後製成了城牆的基石，以便饑荒時用作充飢物資。

後來，這種用糯米製作的食物便流傳了下來，一方面是因其容易儲存，又有很好的充飢效果；另一方面也是為了紀念憂國憂民的伍子胥。

糍粑各地都有，主要流行於南方。其製作方法因地區差異各有不同，但大家對於糍粑的喜愛以及寄予的美好寓意卻是相同的。一家人熱熱鬧鬧地打糍粑，然後細細品嚐，這樣的甜蜜和幸福不是最寶貴的嗎？

責任編輯　余雲嬌
裝幀設計　龐雅美
排　　版　龐雅美
印　　務　劉漢舉

這就是中國味道系列 6

打糍粑的大將軍

牟艾莉 / 著
天空塔工作室　龍一 / 繪

出版 | 中華教育
香港北角英皇道 499 號北角工業大廈 1 樓 B 室
電話：(852) 2137 2338　　傳真：(852) 2713 8202
電子郵件：info@chunghwabook.com.hk
網址：https://www.chunghwabook.com.hk

發行 | 香港聯合書刊物流有限公司
香港新界荃灣德士古道 220-248 號荃灣工業中心 16 樓
電話：(852) 2150 2100　　傳真：(852) 2407 3062
電子郵件：info@suplogistics.com.hk

印刷 | 高科技印刷集團有限公司
香港葵涌和宜合道 109 號長榮工業大廈 6 樓

版次 | 2022 年 8 月第 1 版第 1 次印刷

規格 | 16 開 (210mm × 255mm)
ISBN | 978-988-8808-36-6